AF312301

CATALOGUE

D'UNE COLLECTION

DE MINÉRAUX,

Criftallifations, Foffiles, Pétrifications, Agates, Cailloux, Jafpes, Madrépores, Coquilles, &c.

Du Cabinet de M. D***. *De lille*

QUI feront vendus au plus offrant & dernier Enchériffeur, Rue Dauphine, à l'Hôtel d'Efpagne, le 14 Décembre 1778, & jours fuivans, trois heures de relevée.

Le préfent Catalogue fe diftribue,

Chez M. DUFRESNE, Huiffier-Prifeur, rue Princeffe.

M. DCC. LXXVIII.

CATALOGUE

D'UNE COLLECTION

De Minéraux, Criſtalliſations, Foſſiles, Pétrifications, Agates, Cailloux, Jaſpes, Madrépores, Coquilles, &c.

MINÉRAUX.

OR.

Nº. 1. OR natif ſur du quartz, qu'un Payſan d'Eſpagne découvrit en 1731 dans les Pyrénées, & ſept autres échantillons, la plûpart d'or natif de Hongrie.

2. Dix-huit petits cartons, contenants divers échantillons de mines d'or dans du quartz, dans de la pyrite, &c. d'autres ſont en grains, en grenats, &c. de divers endroits.

3. Neuf mines d'or dans la pyrite, le cinabre, l'argent, la galène, l'antimoine, &c. Quelques-uns font dans le quartz ou fchifte quartzeux de Zillerthal en Tirol, dont on retire l'or par le lavage.

ARGENT.

4. ARGENT natif en rameaux dans du fpath de Freyberg, & quatre autres échantillons d'argent vierge.

5. Deux morceaux d'argent vierge, l'un capillaire, avec mine d'argent grife de Johann Georgenftadt; l'autre en grains, avec mine d'argent blanche dans le fpath féléniteux du Furftemberg.

6. Mine d'argent grife criftallifée, mélée d'argent natif, & fept autres échantillons d'argent vierge.

7. Deux morceaux, l'un de mine d'argent grife criftallifée, l'autre de mine d'argent blanche, & quatre mines d'argent rouge.

8. Douze échantillons de différentes mines d'argent, telles qu'argent natif, argent rouge, mines d'argent blanche, noire, &c. Chacun porte fon étiquette, ainfi que ceux des articles fuivans.

9. Douze autres.

10. Une petite maffe de mine d'argent en plumes, fans gangue, de Gelobtenland, & une autre mine d'argent en plumes dans le fpath de Freyberg.

11. Douze échantillons variés, la plûpart de mine d'argent rouge de Saxe & de Bohême.

12. Douze autres de mines d'argent rouge & de mine d'argent vitreufe.

13. Six mines d'argent vitreufes, & autres, la plûpart dans des kneiff ou roches feuilletées de Saxe.

14. Quatorze échantillons de différentes mines d'argent de Saxe, & autres pays.

15. Huit mines d'argent, dont une avec l'efflorefcence cobaltique, qui lui a fait donner le nom de mine d'*argent merde d'oie*; mine d'argent blanche, avec mine de cuivre azurée; filon de mine d'argent noire, avec galene de Goldberg, &c.

16. Quatre mines d'argent grifes, dont une avec argent rouge; les autres font avec pyrite blanche arfénicale, pyrite cuivreufe, fpath calcaire rhomboïdal, &c.

17. Neuf mines d'argent grifes & blanches, dont quelques-unes mêlées d'argent rouge.

18. Argent natif, avec une ochre martiale & cuivreufe, provenant de la décompofition de

la pyrite de la province de Pasqua, à quarante lieues de Lima, & sept autres mines d'argent grises, rouges, blanches, &c.

19. Huit mines d'argent blanches, & autres, de Saxe, du Wirtemberg, &c.

20. Douze échantillons variés de mine d'argent.

21. Douze autres.

22. Six mines d'argent grises dans des gangues variées, la plûpart de Saxe.

23. Six autres mines d'argent, dont une du Pérou; une avec argent natif & mine de cobalt terreuse d'Allemont en Dauphiné, &c.

24. Six autres, la plûpart de Sainte-Marie-aux-Mines.

25. Neuf mines d'argent blanches & grises; la plûpart mêlées de galene de Saxe, du Hartz, de Furstemberg, &c.

26. Un filon de mine d'argent grise entre ses deux lisieres, & quatre autres morceaux.

CUIVRE.

27. Six échantillons variés de cuivre natif & précipité. Plus, deux mattes avec du cuivre capillaire.

28. Six autres, dont quatre de cuivre natif

ou de cémentation, & deux de mine de cuivre foyeufe ou fatineée.

29. Un beau morceau de fpath calcaire, impregné de verd-de montagne, avec des veines de mine de cuivre grife. Il eft parfemé d'une infinité de petits criftaux prifmatiques demi-tranfparens, & de fpath pyramidal, dit dents de cochon : de l'ifle de Corfe.

30. Un très-beau morceau de malachite cellulaire & fibreufe, connue des Curieux fous le nom de mine de cuivre foyeufe de la Chine, tiré du filon de Vintrofalva, près Vefcovato en Corfe.

31. Autre gros morceau d'azur de cuivre granuleux ou en petits criftaux, du plus beau bleu dans les cavités d'une gangue fablonneufe, mêlée de mine de cuivre grife, de verd de montagne & d'ochre martiale, de Vefcovato.

32. Autre morceau de la même efpece, moins volumineux, mais très-éclatant.

33. Un beau morceau de mine de cuivre vitreufe, couleur de plomb, paffant à l'état de malachite, de Cheffi près de Lyon, & un morceau de mine de cuivre, gorge de pigeon, mêlée de verd de montagne.

34. Deux morceaux, l'un de mine de cuivre grife, tenant argent, mêlée de verd de mon-

tagne; l'autre, de mine de cuivre jaune de Saint-Guillaume, au bourg Sainte-Marie.

35. Un beau morceau de mine de cuivre vitreuſe griſe, tirant ſur le bleu, mêlée de mine de cuivre terreuſe rouge, & de verd de montagne, de Veſcovato en Corſe. Plus, un filon de mine de cuivre jaune & colorée, entre ſes deux liſieres de quartz.

36. Deux morceaux, l'un d'azur de cuivre granuleux, dans une gangue ſablonneuſe, mêlée de mine de cuivre griſe, non décompoſée, de l'iſle de Corſe; l'autre, de mine de cuivre terreuſe, verte & bleue, du Duché de Deux-Ponts.

37. Trois autres, dont un de cuivre vierge dans la mine de fer terreuſe, avec ſpath calcaire & verd de montagne, de Thuringe; & un de mine de cuivre griſe, tirant ſur le violet, mêlée de verd de montagne, de Corſe.

38. Quatre autres, dont une mine de cuivre vitreuſe violette, une de cuivre natif, & deux de verd de montagne; l'un deſquels eſt ſingulier par ſa gangue, qui eſt une ſorte de poudingue ou de breche dure.

39. Un morceau de cuivre natif, une pierre Arménienne, & quatre autres mines de cuivre.

40. Malachite cellulaire, & cinq autres mines

de cuivre, dont deux mêlées de malachite.

41. Malachite granuleufe dans une roche fablonneufe, de *Neapoli adorlam*, & cinq autres mines de cuivre.

42. Neuf mines de cuivre ; favoir, mine de cuivre jaune, mêlée de plomb & d'argent, de Charlotenberg ; mine de cuivre & argent, de Saint-George à Freudenftadt ; mine de cuivre azurée de Laurens-Gegenftrum, près Freyberg, &c.

43. Mine de cuivre terreufe verte, riche en argent, du Pérou, & douze autres mines de cuivre.

44. Pyrite cuivreufe, criftallifée, du Hartz, & dix mines de cuivre.

45. Douze mines de cuivre variées, de différens endroits.

46. Mine de cuivre grife, tirant fur le brun, mêlée de pyrite cuivreufe, dans une gangue fablonneufe, de Corfe ; deux mines de cuivre pyriteufes, une mine de cuivre tenant argent, du Pérou, & trois autres morceaux.

47. Dix mines de cuivre variées.

48. Douze autres.

49. *Idem.*

50. Vingt échantillons de différentes mines de cuivre, chacun avec fon étiquette.

51. Vingt-cinq autres.

52. *Idem.*

53. Douze autres.

54. Dix-huit non moins variées.

55. Vingt, *idem.*

56. Vingt-quatre plus petits.

57. Seize variétés, la plûpart de mine de cuivre terreuſe verte.

F E R.

58. Un grand & ſuperbe morceau de mine de fer griſe criſtalliſée, de l'Iſle d'Elbe. Elle eſt en grands criſtaux orbiculaires, minces & tranchans, poſés de champ, comme les ſpaths en crête de coq. Ce morceau, qui a plus d'un pied de longueur ſur huit pouces de largeur, eſt entremêlé de marcaſſites dodécaëdres.

59. Autre morceau de la même mine, à-peuprès de même grandeur, & vivement coloré.

60. Autre grande maſſe des mêmes criſtaux lenticulaires, entremêlés de marcaſſites dodécaëdres, avec petits criſtaux de quartz & terre bolaire blanche, de la même miniere.

61. *Idem*, moins conſidérable.

62. *Idem*, ſans pyrites, ni criſtal.

63. *Idem.*

64. Autre morceau de la même eſpece, vivement coloré.

65. *Idem.*

66. *Idem.*

67. Un autre, peu différent.

68. Deux mines de fer vivement colorées, de l'Ifle d'Elbe; l'une lamelleufe, l'autre en petits criftaux à vingt-quatre facettes, dite en boutons.

69. Deux autres, aufli très-vives en couleurs.

70. Deux autres, *idem*, l'une écailleufe, l'autre en boutons.

71. Deux autres, dont une mêlée de marcaffites dodécaëdres.

72. Un beau morceau de mine de fer colorée, de l'Ifle d'Elbe, en criftaux polygones à vingt-quatre facettes, dans le quartz criftallifé.

73. Autre morceau de la même mine, très-vivement coloré, mais fans gangue.

74. *Idem*, plus petit, mêlé de quartz.

75. Autre plus petit, de la plus riche couleur.

76. Trois jolis morceaux de mine de fer criftallifée & colorée, de l'Ifle d'Elbe.

77. *Idem.*

78. Deux morceaux, l'un de mine de fer magnétique ou aimant, l'autre de mine de fer en criftaux octaëdres, dans une colubrine feuillettée, de l'Ifle de Corfe.

79. Groffe maffe d'hématite noire mamelonnée, du pays de Trèves.

80. *Idem.*

81. Mine de fer micacée grife, mêlée d'ochre martiale, des Pyrénées, & un morceau d'hématite folide, parfemée de fer micacé gris, de *Corté* dans l'Ifle de Corfe.

82. Un gros bloc de fer en roche, ou d'hématite folide & compacte, de Corté.

83. Deux blocs, l'un d'hématite noire à furface mamelonnée ; l'autre, de mine de fer fpathique fauve rhomboïdale, de la Chartreufe de Durbon.

84. Deux blocs de mine de fer en roche, dont une hématite brune avec des filons de quartz, de la pyrite & de l'ochre jaune, d'Allevard en Dauphiné : on l'appelle dans le pays, *mine de Rives.*

85. Deux autres, l'un de mine de fer en roche folide & compacte ; l'autre, de mine de fer fpathique, d'Allevard.

86. Trois mines de fer en roche, dont une hématite, & une avec des empreintes de tiges de rofeaux.

87. Trois autres, dont une en maffe fablonneufe.

88. Quatre autres, dont une mine de fer fpathique, & une en tuyaux.

89. Trois autres, dont une groffe pyrite globuleufe ; plus, deux mattes.

90. Un morceau de mine de fer fpathique

rhomboïdale , d'Allevard , & deux veines de mine de fer micacée grife , dans du quartz.

91. Un gros morceau de mine de fer micacée grife , de l'Ifle d'Elbe , mélée d'ochre martiale , & un plateau d'hématite.

92. Mine de fer micacée terreufe , des Pyrénées , & une mine de fer grife , de l'Ifle d'Elbe , dans fa gangue quartzeufe criftallifée , morceau peu commun.

93. Mine de fer micacée mélée d'ochre de différentes couleurs , dont les couches indiquent qu'elle s'eft formée par dépôt , de Rio dans l'Ifle d'Elbe , & une mine de fer en roche fablonneufe , de Gueiftroute.

94. Une groffe aiguille d'hématite pourpre ftriée , d'Eibenftock en Saxe , & deux mines de fer en roche avec des empreintes de fougeres , &c.

95. Trois morceaux , dont une mine de fer grife & colorée, mélée d'ochre, de l'Ifle d'Elbe ; mine de fer micacée , des Pyrénées , & une pyrite martiale en gâteau , paffant à l'état de mine de fer terreufe brune , de Châteaulin en Bretagne.

96. Mine de fer fpathique écailleufe grife , fur un fpath féléniteux , du Hartz , & un morceau comme le dernier de l'article précédent.

97. Hématite brune en cylindres , de Nor

wege ; mine de fer grife feuilletée dans le feld-fpath, de Sainte-Lucie, près de Baftia en Corfe, & une mine de fer limonneufe, de Fifbach.

98. Trois jolis morceaux ; fçavoir, mine de fer fpathique en crêtes de coq, avec mine d'argent grife criftallifée, de Baigorry en Baffe-Navarre ; mine de fer écailleufe, de l'Ifle d'Elbe ; & une hématite colorée mêlée de fer micacé gris, auffi de l'Ifle d'Elbe.

99. Six mines de fer variées, dont une de Bohême, chargée d'un grouppe de criftaux de quartz.

100. Six autres, dont une hématite en grappe, de Norwege.

101. Trois mines de fer avec empreintes de fougeres, de tiges de plantes, &c., de Fifbach, & quatre autres morceaux d'hématite, &c.

102. Dix morceaux ou échantillons variés de mine de fer.

103. Dix autres, dont un quartz en poudingue lié par un ciment ferrugineux.

104. Mine de fer fpathique blanche, du pays de Blankembourg, & dix autres morceaux.

105. Autre beau morceau de mine de fer fpathique blanche, & fix autres morceaux.

106. Neuf mines de fer, & deux boîtes de fable ferrugineux, de Saint-Florent & de l'Ifle d'Elbe.

107. Douze autres.

108. *Idem.*

109. Neuf mines de fer en roche , terreufes ou fablonneufes , & deux boîtes de fable ferrugineux.

110. Mine de fer bleue , de Felkling , & dix autres mines de fer , dont plufieurs variétés d'hématite , &c.

111. Mine de fer micacée grife , dont la furface mamelonnée eft à l'état d'hématite , & dix autres mines de fer.

112. Neuf mines de fer terreufes , & autres.

113. Vingt échantillons variés de mines de fer.

114. Vingt-cinq autres , dont un joli morceau de fer fpéculaire.

115. Trente autres.

116. Vingt-fix autres.

117. Vingt-quatre , *idem.*

118. Dix-huit mines de fer de différens endroits.

119. Seize autres, dont plufieurs hématites.

120. Seize autres.

121. Différentes mines de fer , au nombre de douze morceaux.

122. *Idem.* , avec différentes mattes , & produits de la fonte des mines de fer.

P L O M B.

123. Un bloc confidérable de mine de plomb terreufe, mêlée de galêne ; & chargé de criftaux de mine de plomb blanche, dans une roche quartzeufe grife, du *Hartz* ; ce morceau a dix pouces de longueur fur huit de largeur, & fix d'épaiffeur.

124. Un très-beau morceau de mine de plomb noire criftallifée en prifmes, d'Huelgoët, près Poullaouen en Baffe-Bretagne.

125. Autre morceau de mine de plomb noire en ftalactites, mêlée de pyrite, de blende & de galêne, du même endroit ; plus, un filon de galêne,

126. Un beau morceau de galêne teffulaire, recouverte prefqu'en entier par un grouppe de criftaux cubiques de fpath vitreux ; & un bloc de galêne ftriée, tenant argent ; il eft d'Ef-pagne.

127. Deux morceaux, l'un de mine de plomb verte ; l'autre, de plomb blanc & noir avec hématite, *de la Croix* en Lorraine.

128. Deux autres, l'un de galêne à grandes facettes dans le fpath phofphorique, de Royat, à une lieue de Clermont ; l'autre, eft un filon

mince

mince de galène , chargé d'une criftallifation de quartz blanc fur une roche grife , mêlée de pyrites & de fpath calcaire , du *Hartz*.

129. Quatre morceaux , dont un de mine de plomb verte , & un de mine de plomb blanche criftallifée , fur hématite , de *la Croix ;* un de mine de plomb noire de Bretagne , &c.

130. Galène à grandes & petites facettes , tenant argent , avec un filon de blende fur une pierre ollaire , des environs de *Heffe-Rhinfels ;* plus , une galène éparfe dans une criftallifation de fpath calcaire prifmatique hexaëdre , à pyramides obtufes , du *Hartz*.

131. Deux morceaux , l'un de galène à grandes facettes , mêlée de blende & fans gangue , de *Pompéan ;* l'autre , de galène à petites facettes , auffi mêlée de blende , d'*Alleklein.*

132. Galène à petits grains comme de l'acier , mêlée de pyrites , & un morceau de mine de plomb noire , d'Huelgoët en Baffe-Bretagne.

133. Mine de plomb teffulaire à quatorze facettes , fur du quartz ; autre à très - grands cubes , de Poullaouen ; & une chargée de criftaux de fpath calcaire , de la mine *dite Trangott.*

134. Galène avec mine de plomb blanche & noire , mêlée d'hématite , de la Croix , & trois autres morceaux.

135. Galène teffulaire fur une mine de fer

fpathique grife , du Hartz ; & deux autres morceaux , dont une galêne lamelleufe & ftriée ,
avec blende & roche grife , de Chatelaudren en
Baffe-Bretagne.

136. Quatre morceaux de galêne , dont un
de galêne ftriée , riche en argent , mêlée de fer
fpathique , de *Chatelaudren.*

137. Galêne avec quelques veines de plomb
rouge , de Shumberg , & divers échantillons
de la mine de plomb noire d'Huelgoët , dont
un mêlé de pyrites qui commencent à fe dé-
compofer.

138. Quatre morceaux , dont un de galêne
avec criftaux de mine de plomb blanche , de
la Croix ; un avec criftaux de mine de plomb
noire , d'Huelgoët ; & deux de Chatelaudren ,
dont un de galêne à petites facettes , mêlée de
blende , &c.

139. Quatre autres , dont une mine de plomb
blanche, de la Croix ; une mine de plomb noire,
d'Huelgoët , & deux galênes.

140. Quatre morceaux de galêne , dont une
à grandes facettes avec blende , pyrites & fer
fpathique , du Hartz.

141. Quatre galênes , dont une éparfe dans
un granite micacé ; une paffant à l'état de mine
de plomb blanche , &c.

142. Quatre autres , de Pompéan , Chatelaudren & Sainte-Marie.

143. Six galênes, la plûpart de Saxe, dont une criftallifée, de Krôner, près de Freyberg.

144. Six autres.

145. Galêne en décompofition, de Chaffelai, près de Lyon ; galêne avec des cubes de fauffe émeraude, de Sainte-Marie, & quatre autres morceaux.

146. Six morceaux, dont deux de galêne teffulaire, &c.

147. Six autres.

148. Mine de plomb blanche, tranfparente & criftallifée dans la mine de fer, de la Croix ; mine de plomb verte, fur la galêne, d'Offter-zeigen-Brifgau ; deux échantillons de mine de plomb verte, du Hartz, & quatre galênes.

149. Deux jolis morceaux, l'un de mine de plomb verte, jaune & brune, de la Croix ; l'autre, de mine de plomb noire, d'Huelgoët, & fix galênes.

150. Galêne, de Sahlberg en Suede, & cinq autres morceaux.

151. Huit galênes, dont une de Goflarau-Hartz, riche en argent.

152. Six différentes mines de plomb.

153. Six autres.

154. Quartz criftallifé incrufté de mine de plomb noire, d'Huelgoët, & fept autres mor-ceaux.

155. Mine de plomb terreufe, de Chaffe
& huit autres morceaux.

156. Deux mines de plomb terreufes, d
une de Chaffelai, & cinq galênes.

157. Huit jolis morceaux de galêne,
un à grands cubes, de Mathufalem, à Freyb
&c.

158. Mine de plomb terreufe, rougeâ
mêlée de galêne, & fept autres morceaux.

159. Douze échantillons variés de mine
plomb.

160. Douze auttes.

161. Huit galênes.

162. Huit autres.

163. Douze échantillons variés, la pl
de galênes.

164. Vingt autres.

165. *Idem.*

166. Vingt-quatre autres.

167. Vingt-fept, *idem.*

É T A I N.

168. Six mines d'étain, dont u
grouppe, d'Ehrenfriedersdorff.

169. Trois criftaux d'étain, & çinq
échantillons.

170. Six autres échantillons de mines d'étain ,
de Saxe & de Bohême.

171. Cinq mines d'étain, d'Altenberg , d'Ehrenfriedersdorff , de Geyer , & de Schlacken-
wald , la plûpart mêlées de pyrite blanche arfénicale.

172. Cinq autres.

173. *Idem.*

MERCURE.

174. Un grand & très-beau morceau de
mine de mercure en cinabre , mêlée de mercure coulant, & de mine de mercure cornée,
criftallifée fur hématite , chargée de fpath féléniteux en tables , de Moerfchfeld dans le Palatinat.

175. Quatre mines de mercure en cinabre ,
dont une mêlée d'ochre & de verd de montagne , de Hongrie ; une avec hématite , du
Palatinat ; une dans fa gangue argilleufe , & une
compacte mêlée de pyrite.

176. Quatre autres , dont une de Mufchel-
Landfberg , &c.

177. Huit morceaux ou échantillons variés
de mine de mercure en cinabre.

178. Douze jolis échantillons de mines de mercure, tous avec leur étiquette.

179. Quatre mines de mercure en cinabre, du Palatinat, &c.

180. Douze échantillons variés de mine de mercure.

181. Douze autres.

ANTIMOINE.

182. Deux gros morceaux de mine d'antimoine grife, dont un paffe à l'état de foufre doré natif, dans une gangue quartzeufe, parfemée de petits criftaux de fpath féléniteux rhomboïdal, de l'Ifle de Corfe.

183. *Idem.*

184. Deux autres morceaux de mine d'antimoine, dont un de Corfe, mêlée de blende; & un d'antimoine lamelleux, de Hongrie.

185. Quatre mines d'antimoine.

186. Cinq autres, dont une d'antimoine étoilé & pyriteux, de Hongrie, dans le fpath féléniteux.

187. Douze échantillons variés de mine d'antimoine, de Hongrie, &c. dont un en deux morceaux, avec or natif furperficiel.

187 * Neuf blocs ou gros morceaux de mine d'antimoine grife, de Corfe, avec fes diverfes altérations, en foufre doré, mêlé de foufre natif, &c. Ils feront détaillés lors de la vente.

Z I N C.

188. Trois morceaux de blende, dont un de Lorraine, un de Bretagne & un de Corfe : ce dernier eft mêlé de mine d'antimoine grife.

189. Blende noire luifante, avec pyrite cuivreufe ; quatre autres morceaux de blende, & deux de manganaife.

190. Neuf échantillons ; fçavoir, quatre de blende, trois de pierre calaminaire & deux de manganaife.

191. Deux manganaifes, trois pierres calaminaires & deux blendes, dont une ftriée, de baffe-Bretagne.

B I S M U T H.

192. Bismuth natif chatoyant, de Saxe, mine de bifmuth grife, de Kayfer Jofeph, & fix autres échantillons de mines de bifmuth.

COBALT.

193. UU gros morceau de kupfernickel, ou mine de cobalt d’un gris rougeâtre folide, & fans gangue, avec une efflorefcence cobaltique, de Bohême.

194. Mine de cobalt grife criftallifée, de Silber Kammer, mine de cobalt fpéculaire de Halbruck, près de Freyberg, & quatre autres morceaux.

195. Douze échantillons variés de mine de cobalt.

196. Douze autres.

197. *Idem.*

198. Onze autres.

ARSÉNIC, SOUFRE, PYRITES, &c.

199. Douze morceaux ou échantillons de pyrite arfénicale, orpiment, réalgar, &c.

200. Six autres morceaux de pyrite arfénicale, fulfureufe & cobaltique, dont un fort beau de cobalt folide, à fuperficie fpéculaire, de Schneeberg.

201. Quatorze échantillons de foufres natifs , & autres.

202. Cinq gros morceaux de pyrites cui-vreufes , & autres.

203. Vingt échantillons de pyrites folides & criftallifées ; d'autres en globules , &c.

204. Différentes mines , pyrites , &c. dans le nombre defquelles il y a plufieurs échantillons de mine d'argent ochreufe & pyriteufe , du Pérou.

205. Autre lot de différentes mines cui-vreufes , pyriteufes , &c.

205 *. Quatre gros morceaux de l'Ifle de Corfe, dont une pyrite fulfureufe , dont l'ignition a caufé une éruption à Bifenchi : elle eft mêlée de fchifte.

SUBSTANCES SALINES

ET BITUMINEUSES.

206. Un morceau de fuccin opaque, taillé en béquille de canne & bec à corbin, fculpté, repréfentant une femme en corfet, avec un chapeau de paille, dont les rubans forment une rofette fous le menton.

207. Neuf petits morceaux de fuccin tranf-
parent, renfermant divers infectes.

208. Quinze autres, la plûpart avec dés
infectes.

209. Deux gros morceaux de charbon de
terre, dont un vivement coloré, des Foffes de
Frefne, près de Condé. Deux morceaux de bois,
l'un pyritifé, l'autre en partie décompofé &
charbonné. Plus, un morceau de fel gemme.

210. Une fuite de charbon de terre, afphalte,
bitumes, poix minérale, bois charbonnés, alu-
mineux, &c.

211. *Idem*, dont un beau morceau de jayet.

212. Autre fuite de fubftances falines, char-
bonneufes & bitumineufes.

PIERRES

ET CRISTALLISATIONS.

213. U N grouppe de grands criftaux de
fpath calcaire pyramidal, mêlé de pyrites, d'Angleterre, & un grouppe de fpath perlé, mêlé
de quartz, de Sainte-Marie-aux-Mines. Ce
dernier eft intéreffant, en ce qu'une partie du
fpath perlé a paffé à l'état de mine de fer fpa-

thique, ou du moins eſt coloré par une vapeur ferrugineuſe.

214. Six morceaux; ſçavoir, deux de ſpath calcaire, dont un pyramidal à dents de cochon, un ſpath vitreux, deux ſpaths ſéléniteux, & une ſélénite en crête de coq.

215. Un joli grouppe de ſpath perlé rhomboïdal, ſur des criſtaux de quartz, & cinq grouppes ou morceaux de ſpath calcaire.

216. Un plateau de ſpath calcaire criſtalliſé ſur toutes ſes faces, & une géode calcaire à criſtalliſations intérieures de ſpath, montée ſur un pied de bois noirci.

217. Une maſſe de gypſe criſtalliſée de Montmartre; pierre de la même carriere, renfermant des ſubſtances oſſeuſes; un ſilex dans ſa gangue, & un morceau de ſel gemme.

218. Deux ſtalagmites en plateau, & une ſtalactite conique, montées ſur des pieds de bois noir.

219. Quatre groſſes ſtalactites calcaires, & deux ſtalactites de ſel.

220. Six morceaux variés, tant de l'eſpece de ſtalagmite verdâtre, connue ſous le nom de *ſinter*, que de l'eſpece de ſtalactite rameuſe, à laquelle on a donné le nom de *flos ferri*, la plûpart de Sainte-Marie.

221. Vingt-deux morceaux ou échantillons

de fpaths , tant calcaires que vitreux , ou phofphoriques , gypfes , félénites , &c.

222. Vingt autres de fpaths calcaires , vitreux & féléniteux , dont une pierre de Bologne.

223. Divers morceaux de fpaths & ftalactites calcaires , félénites , gypfes , &c.

224. Une fuite de ftalactites , dépôts & in-cruftations , la plûpart avec leurs étiquettes.

225. Divers morceaux de fpaths calcaires & féléniteux ; diverfes ftalagmites , dont un *flos ferri* , & un os foffile dans la pierre à plâtre de Montmartre.

226. Divers morceaux de pierres calcaires & gypfeufes , dont un fpath mêlé d'afphalte ; un fpath féléniteux en tables , des albâtres gypfeux , des félénites , &c.

227. Un beau grouppe de criftaux de roche diaphanes & fans couleur , de huit à dix lignes de diametre , & au-deffous , du Dauphiné.

228. Autre grouppe des mêmes criftaux d'un plus fort diametre , dont plufieurs , par leur pofition horifontale , laiffent voir leurs deux pyramides.

229. Un grouppe de criftaux de roche d'un plus petit diametre , plufieurs defquels font remarquables par la régularité de leurs pyra-mides : fa gangue eft pyriteufe.

230. Deux grouppes de criftaux de quartz ,

qui dans l'un font enfumés, montés fur des pieds de bois noir.

231. Deux grouppes, l'un de criftaux de roche fans couleur, l'autre de criftaux de quartz enfumé, fur une gangue de jafpe.

232. Un joli grouppe de criftaux de quartz blanc, chargé d'une aggrégation de pyrites, de petits criftaux de roche, de Bohême, & une portion de géode à criftaux de quartz enfumés.

233. Deux grouppes de criftaux de quartz, dont un en géode, & un grouppe de criftaux de grès rhomboïdal, de Fontainebleau.

234. Deux grouppes de criftaux de quartz, dont un en géode, & une groffe boule d'agate, protubérancée dans fon intérieur.

235. Trois grouppes de criftaux de quartz, dont un en géode.

236. Trois autres. Plus, trois cailloux à criftallifations de quartz intérieures, ou dans leurs cavités.

237. Trois autres. Plus, deux fragmens de boules calcaires qui renferment les criftaux de roche à deux pointes, dits *diamans du Dau-phiné.*

238. Sept grouppes ou morceaux, tant de criftaux de roche, que de quartz criftallifé.

239. Huit autres, dont une aiguille de fauffe

hyacinthe; un grouppe de topaze enfumée fur agate rubanée, &c..

240. Cinq grouppes de criftaux de quartz, dont un d'améthifte, fur une portion de géode; un de topaze enfumée, &c.

241. Deux grouppes de criftaux de quartz, dont un en géode; deux primes ou petits canons de criftal, un fans couleur, & deux de criftal enfumé.

242. Un beau morceau de poudingue ou caillou d'Angleterre, poli d'un côté. Il a environ fix pouces de long fur quatre de large, & un d'épaiffeur.

243. Deux morceaux, l'un de poudingue, l'autre de bois changé en jafpe, polis d'un côté.

244. Deux morceaux de poudingue, polis d'un côté, & un caillou rubané de différentes nuances de gris, comme le marbre cipolin.

245. Moitié d'une boule d'agate, rubanée dans fon contour, criftalline dans fon centre, polie fur le plein.

246. Deux poignées d'épée, l'une d'agate blanche, l'autre d'agate noire.

247. Deux autres d'agate blanche, rouge & noire.

248. Deux morceaux d'agate d'Allemagne,

& deux cailloux fins , tous polis d'un côté.

249. Un joli morceau d'agate améthifte , à zônes bleuâtres & laiteufes , polie d'un côté , & deux d'agate rubanée , auffi polis d'un côté.

250. Trois morceaux d'agate ou cailloux rubanés , & un de caillou d'Egypte , polis d'un côté.

251. Sept autres , dont fix polis d'un côté , & un avec quartz criftallifé.

252. Sept autres , non moins variés.

253. Onze plaques ou morceaux polis d'un côté , d'agate & de jafpe.

254. Huit autres plaques & morceaux polis d'un côté , de jafpe & d'agate.

255. Sept morceaux de jafpes & cailloux. Plus, quatre échantillons de cornaline ou fardoine brute de Sibérie.

256. Opales brutes dans du quartz, de Willengottes , près de Freyberg , & douze échantillons de calcédoine, d'agate blanche, brune, &c.

257. Huit morceaux d'agate , jafpe ; ferpentine , &c. plufieurs defquels font en partie polis.

258. Huit plaques ou morceaux de jafpe , bois pétrifiés , cailloux , marbre , &c.

259. Quartz criftallifé en boule , & douze morceaux ou échantillons d'agates , cailloux , jafpes , &c. : quelques-uns font polis,

260. Un bloc de ſerpentine de Corſe, de dix-huit pouces de long ſur neuf de large & ſix d'épaiſſeur.

261. Huit aſſortimens de cailloux roulés, de l'iſle de Corſe, coupés par la moitié, & polis ſur la face coupée : on les détaillera lors de la vente.

262. Sept autres articles des mêmes cailloux, auſſi coupés par la moitié, mais non polis : ils ſeront auſſi détaillés.

263. Une boîte remplie de divers cailloux ; les uns roulés, les autres criſtalliſés, dont un en *ludus*.

264. Autre boîte de divers cailloux ou gallets ; la plûpart avec leurs étiquettes.

265. Une très jolie ſuite de cent vingt-trois plaques de marbre & de vingt-ſix plaques d'albâtre oriental, toutes quarrées, de la même grandeur, & bien étiquettées, faite en Italie.

266. Autre ſuite de marbres en plaques de différentes grandeurs, formes & épaiſſeurs, dont quelques-unes de marbres factices.

267. Deux jolies plaques de marbre arboriſé d'Allemagne, & une de marbre de Florence auſſi arboriſé.

268. Une très-belle arboriſation en fer, de l'iſle de Corſe, & huit pierres ſciſſiles, avec des dendrites.

269.

269. Huit autres pierres arborifées, dont une de l'ifle de Corfe.

270. Six autres. dont cinq à arborifations fuperficielles, & une dont les arborifations pénetrent l'épaiffeur de la pierre.

271. Vingt-deux pierres arborifées des deux variétés précédentes, dont une à très-belles ramifications, de l'ifle de Corfe.

272. Une fuite d'ardoifes, dont plufieurs avec des empreintes animales & végétales; d'autres avec des étoiles féléniteufes, &c.

273. Un lot d'afbefte & amiante.

274. Une boîte remplie de divers morceaux, ou échantillons de granite & de mica.

275. Quatre morceaux de fchorl, une zéolite blanche criftallifée en faifceaux, des ifles de Ferroé, & deux échantillons de *lapis* ou zéolite bleue.

276. Un beau morceau de zéolite blanche en lamelles concentrées, de Ferroé.

277. Un bloc de grès criftallifé rhomboïdal, de la forêt de Fontainebleau.

278. Deux autres blocs du même grès, l'un criftallifé, l'autre protubérancé, à la maniere des ftalagmites.

279. Une fuite de différens grès, dont quelques-uns font criftallifés.

280. Différentes pierres & terres à porcelaine,

C

telles que kaolin, &c. des ftalaętites, gypfes., &c.

281. Une fuite de laves compaętes & poreufes, bafaltes, fcories, & autres produits de volçan.

282. Portion d'une colonne de bafalte hexagone, d'un pied de diametre fur huit pouces de hauteur : elle eft en trois morceaux, d'Auvergne.

283. Trois articulations d'une autre colonne de bafalte, de fix à fept pouces de diametre ; lefquelles, pofées l'une fur l'autre, ont enfemble feize pouces de hauteur : d'Auvergne.

284. Une groffe maffe de quartz criftallifé, & une portion de bafalte en colonne.

285. Deux boîtes quarrées, contenant une fuite de terres figillées, de Saxe.

286. Autre fuite de différentes terres figillées, & autres, toutes avec leurs étiquettes.

287. Une fuite de terres argilleufes, marneufes, gypfeufes, &c provenantes d'une même fouille, avec la note des différentes hauteurs où elles fe font trouvées.

287 *. Un grouppe de girandoles d'eau incruftées, fous une cage de verre.

288. Une groffe ftalaętite calcaire fur un focle de bois noir, & une maffe d'incruftations, de Suiffe.

289. Une groffe maffe d'oftéocolle ou incruftations de rofeaux, des grottes d'Albert en

Picardie, & quatre autres grouppes de ſtalagmites ou incruſtations, montés ſur des pieds de bois noir.

290. Quatre autres gros morceaux de ſtalagmites, tufs & incruſtations.

291. Pluſieurs morceaux du même genre, dont un dépôt imitant une planche de bois de ſapin, des environs de Beſançon.

292. *Idem.*

293. Sept morceaux de grès, dont pluſieurs criſtalliſés, un en boule, un autre arboriſé, &c. Plus, un gypſe en crêtes de coq, & une ſtalactite de ſel.

294. Quatre gros morceaux polis d'un côté, dont un d'albâtre calcaire, deux d'agate mamelonnée, coupés l'un ſur l'autre, & une racine d'arbre agatiſée.

PÉTRIFICATIONS.

295. Portion de tronc d'arbre pétrifiée, & un autre morceau agatifié, poli ſur ſa tranche.

296. Deux morceaux de bois changés en jaſpe, & polis ſur leur tranche, de Hongrie.

297. Trois autres, auſſi polis d'un côté; deux deſquels ſont bien caractériſés.

298. Quatre autres, tous polis d'un côté.

299. Quatre morceaux de bois pétrifié, dont un poli d'un côté.

300. Quatre autres, polis d'un côté.

301. Huit autres plus petits, dont une tabatiere en cuvette.

302. Divers échantillons de bois pétrifié ou agatifé, dont un feul eft poli.

303. Dix-huit échantillons de bois pétrifié ou agatifé, plufieurs defquels ont été polis.

304. Une fuite d'empreintes de fougeres, filicules, feuilles, &c. dans des ardoifes, fchiftes & pierres fcifliles, de divers endroits.

305. Une piece de marbre de Suede, remplie d'orthocératites, & une maffe de numifmales où pierre lenticulaire, de Picardie.

306. Deux maffes, l'une de tubiporite, l'autre de joncs coralloïdes, & une d'aftroïtes.

307. Moitié d'une grande corne d'ammon à cellules vuides, & deux maffes, l'une de fongites branchues, l'autre de marbre orthocératite.

308. Une groffe maffe de marbre orthocératite, un aftroïte, & deux autres morceaux.

309. Cinq morceaux, dont un mélange d'entroques radiées, de caralloïdes, de poulettes, &c. Une pierre frumentaire, un tubiporite, un aftroïte, &c.

310. Deux dents molaires d'Eléphant foffiles, & trois autres morceaux.

311. Une grande nautilite, un jonc coralloïde, un tubiporite & un aftroïte.

312. Un grouppe de turbinites, & dix autres pétrifications, telles qu'aftroïtes, cornes d'ammon, &c.

313. Dix autres pétrifications, dont un grouppe de turbinites.

314. Huit grouppes ou morceaux de pétrifications, dont plufieurs cornes d'ammon.

315. Dix autres.

316. Vingt-un morceaux de pétrifications diverfes; telles que ficoïdes, alcyonites, madréporites, &c.

317. Vingt-quatre morceaux de pétrifications diverfes.

318. Vingt-fept autres.

319. Une fuite d'empreintes animales, telles que poiffons, infectes, &c. dans des ardoifes, des fchiftes & pierres fcilfiles de différens endroits, en vingt-fix morceaux.

320. Dix-huit oftracites, cardites, pectinites, &c.

321. Dix-neuf autres bivalvites.

322. Vingt-une autres pétrifications, la plûpart de la claffe des bivalves.

323. Vingt-trois autres oftracites , cardites & pectinites.

324. Une fuite de bélemnites & de leurs alvéoles , en trente-cinq articles.

325. Dix-fept cornes d'ammon , gryphites , cardites , oftracites , &c.

326. Vingt-neuf autres pétrifications , du genre des cardites , chamites , oftracites , &c.

327. Une fuite d'échinites & de leurs diffé-rentes pieces , en trente-huit articles.

328. Une fuite d'entroques radiées & étoilées , en quarante-fix articles , dont un *lilium lapi-déum* ; un grouppe de trochites , &c.

329. Une grande & belle turbinite foffile , des dents & autres parties offeufes , foffiles , & différentes univalves & bivalves foffiles de France , en vingt-huit articles.

330. Diverfes échinites , poulettes , mufcu-lites , gryphites , octréopectinites , &c. en foixante-quatre articles.

331. Une fuite de cornes d'ammon , cochlites , &c. en foixante-douze articles.

332. *Idem* , en cinquante-fix articles.

333. Pétrifications diverfes , en cent qua-rante-huit articles.

POLYPIERS.

334 UN arbrisseau de corail rouge, dépouillé de son écorce, mais non poli, sur son rocher, composé de diverses concrétions marines.

335. Un autre arbrisseau de corail rouge.

336. Diverses branches de corail sur leur rocher.

337. Deux jolis rochers chargés de corail, d'éponges , litophites, & autres polypiers.

338. Deux autres.

339. Un joli madrépore en buisson, sur un socle de bois noir.

340. Un madrépore amaranthoïde , & deux madrépores bois-de-cerf, d'une conservation médiocre.

341. Un madrépore en buisson , de plus d'un pied de diametre.

342. Trois autres madrépores en buisson.

343. Quatre autres.

344. Un joli arbrisseau de corail rouge , revêtu de son écorce.

345. Autre de corail blanc oculé , chargé d'huîtres épineuses & feuilletées.

346. Un grouppe de tubipores.

347. Un madrépore agaric, monté fur un pied de bois noir.

348. Un joli millépore, à feuilles repercées & déchiquetées.

349. Un autre à feuilles frifées.

350. Deux millépores, & une efcare pierreufe.

351. Trois autres.

352. Un arbriffeau de corail rouge, avec fon écorce, & un millépore.

353. Un aftroïte globuleux à étoiles rondes.

354. Un fongipore limace.

355. Une méandrite & deux fongipores ou champignons de mer; l'un defquels eft chargé d'un autre plus petit.

356. Un madrépore en choufleur, un madrépore plantain, & un fongipore.

357. Un fongipore double, un mancaudrite, & un aftroïte à petites étoiles.

358. Un fongipore en bouquets, une manchette de Neptune, & un millépore branchu.

359. Un œillet de mer, deux efcares pierreufes, & un coralloïde.

360. Deux millépores, un caryophilloïde, un rétépore, & un alcyonium coriacé.

361. Six grouppes, dont un rétépore, deux millépores, une méandrite, &c.

362. Cinq grouppes, dont un pied de corail fur fon rocher.

363. Huit autres, tant aftroïtes que méandrites, œillets de mer, &c.

364. Six coralloïdes, rétépores, &c.

365. Huit autres.

366. Divers madrépores, aftroïtes, efcares, coralloïdes, éponges, &c. au nombre de vingt pieces.

367. Un beau grouppe de trois.éponges en tuyaux, de vingt pouces de hauteur, fur un focle de bois noir.

368. Une autre grande éponge en tuyau, & un grouppe de quatre autres, auffi fur leurs pieds de bois noir.

369. Deux autres grouppes d'éponges en tuyaux.

370. Un alcyonium branchu, la coralline l'antenne d'écreviffe, & cinq éponges, foit rameufes, foit en tuyaux.

371. Un très-grand romarin de mer, & deux panaches de mer.

372. Deux romarins, & trois éventails de mer.

373. Cinq grands lithophites, dont la plume de mer.

374. Six différens litophites & panaches de

mer, les uns fur leur rocher, d'autres chargés de glands de mer, &c.

375. Dix autres.

376. Dix autres, la plûpart fur leur rocher, &c.

377. Vingt-quatre autres.

COQUILLES.

378. UN nautile papyracé de la Méditerranée, fruſté dans l'un de fes bords, & une grande oreille de mer des Indes.

379. Deux petits nautiles papyracés, à carene étroite; une oreille de mer; & deux lépas des Iſles Malouines.

380. Un lot de lépas & d'oreilles de mer.

381. Neuf coquilles, dont deux brocards de foie, une grande olive de Penama, & fix porcelaines.

382. Quatorze autres, porcelaines & rouleaux, dont le drap d'or, &c.

383. Différentes univalves; telles que des aîlées, harpes, cafques, porcelaines, &c.

384. Une mufique, une licorne, un tigre noir, & diverfes autres coquilles.

385. Des harpes, cafques, &c. dont l'aigrette.

386. Différentes pourpres, aîlées, murex, &c.

387. Une petite fripiere, une licorne, des tonnes, pourpres, &c.

388. Différentes pourpres, buccins, lépas, olives, &c.

389. *Idem.*

390. Six coquilles, dont deux petites conques de Triton, un prépuce, une tulipe.

391. Un bélier & deux araignées, l'un mâle, l'autre femelle.

392. Trois araignées, dont une femelle, un millepied & une aîlée.

393. Treize coquilles, telles qu'araignées buccins, pourpres, aîlées, &c.

394. Un lambis & deux grands cafques.

395. Huit autres grandes coquilles du genre des cafques, buccins, &c.

396. Diverfes tonnes, aîlées, buccins, cafques, &c.

397. *Idem.*

398. Un lot de petites coquilles du genre des buccins, cornets, vis, &c.

399. Un autre, de limaçons, petites porcelaines, &c.

400. Une grande truilée, ou le bénitier, de quinze pouces dans fon grand diamètre,

401. Trois huîtres épineuses de là Méditerranée, & trois petites d'Amérique.

402. *Idem.*

403. Trois huîtres épineuses de la même mer, & deux pelures d'oignon.

404. Un grouppe de deux huîtres épineuses de la Méditerranée, & trois autres huîtres épineuses, dont une d'Amérique.

405. Deux cames luisantes, deux cœurs, une pholade, & des pelures d'oignon.

406. Deux peignes, dont le bénitier, & neuf cames ou cœurs.

407. Une petite corbeille, des cœurs, des tellines, &c.

408. Un lot de moules, dont une magellane brute.

409. Autre lot de moules, la plûpart des côtes d'Afrique.

410. *Idem.*

411. Un lot de cœurs, cames, tellines, &c.

412. Des tellines, des manches de coûteau, &c.

413. Des jambonneaux, des vermiculaires ; huîtres épineuses de Malthe, &c.

414. Autre lot de vermiculaires, jambonneaux, peignes, glands de mer, &c.

415. Autre lot de diverses coquilles ; plus, une dent de cachalot.

416. Des coquilles, vermiculaires, &c.

417. Des femences de coquilles univalves, en 128 cartons.

418. Quinze boîtes de petites bivalves dépareillées, propres à faire des fleurs & autres ouvrages en coquilles.

OURSINS, ÉTOILES DE MER,
CRUSTACÉES, INSECTES, &c.

419. Cinq ourſins turbans garnis de leurs piquans, dans une cage de verre, & deux autres ourſins mamillaires auſſi dans leur boîte vîtrée, dont un petit, peu commun, garni de ſes piquans mouſſes, preſque cylindriques.

420. Quinze ourſins turbans, tant miliaires, qu'à grains de petite vérole & mamillaires, la plûpart dépourvus de leurs piquans, dans quatre cages de verre.

421. Un bel ourſin ovoïde, garni de ſes piquans courts & fins, & un ourſin bouclier, ſans ſes piquans, chacun dans ſa cage de verre.

422. Un ourſin ovoïde, un pas de poulain, un bouclier, & un ourſin à ſix fentes, chacun dans ſa cage de verre.

423. Un petit pavois, un artichaut ou l'ourſin

violet de l'Ifle de France, garni de fes piquans ; & quatre ourfins plats, dont un à cinq fentes ; les trois autres à fix, dans trois boîtes vitrées.

424. Une grande étoile pentagone, du genre des pâtés, dans fa cage de verre.

425. Une autre grande étoile de mer, du genre des coriacées, peu commune, en ce qu'elle n'a que quatre rayons, dans fa cage de verre.

426. Autre grande étoile du même genre ; elle eft à cinq rayons, mais peu commune, en ce que le cinquieme rayon fe divife en deux branches.

427. Un foleil à douze rayons, & l'étoile à patte d'oye.

428. Douze étoiles de mer à quatre & cinq branches, dont l'étoile à queue de lezard, la fcolopendroïde, &c.

429. Un crabe, deux langouftes, & une écrevilfe de mer, dans trois cages de verre.

430. Une fquille-mante, & deux différentes langouftes, dans trois cages de verre.

431. Un petit cancre-ours, une araignée de mer, un petit homar, une fquille mante, une langoufte & une chevrette, dans fix cages de verre.

432. Une fuite d'infectes, tels que papillons, fcarabées, demoifelles, mouches, araignées, dans foixante-neuf boîtes vîtrées.

POISSONS, AMPHIBIES, &c.

433. UN grand crocodile & deux ferpens, empaillés, dont un de la Martinique.

434. Trois hériffons de mer, un poiffon coffre, deux poiffons volans, un marteau, une grenouille pêcheufe, & une petite tortue.

435. Quatre grandes carapaces de tortue.

436. Un petit chien de mer, un petit poiffon fcie, un lezard fauve-garde ; deux grandes défenfes de poiffon fcie, & une tête de dauphin.

437. Différens bois monftrueux, agarics, &c. ; des égagropiles, un coco, un guêpier de Cayenne, &c.

VÉGÉTAUX.

38 DIFFÉRENTES fleurs & plantes confervées dans la liqueur, au nombre de 24 bocaux, plufieurs font éxotiques.

439. Vingt-huit autres bocaux de productions végétales, dans la liqueur.

440. Une fuite de bois de Cayenne & de France, avec la caiffe qui les contient.

441. L'herbier de Trianon, rangé par ordre alphabétique ; chaque plante eft dans une feuille de papier gris.

FEUILLE DE DISTRIBUTION

Des objets qui feront vendus les jours marqués ci-après.

Première vacation, le 14 Décembre 1778.

Nᵒˢ 1, 9, 17, 25, 34, 48, 55, 57, 65, 73, 88, 96, 104, 112, 119, 121, 130, 138, 146, 153, 173, 180, 187, *partie de* 187 *, 195, 203, 210, 215, 226, 234, 242, 250, 257, *partie de* 261, 263, 274, 285, 290, 297, 305, 314, 321, 330, 340, 344, 357, 366, 374, 382, 390, 398, 406, 414, 422, 430, 438, 439.

Seconde vacation, le 15 Décembre 1778.

Nᵒˢ 2, 10, 18, 26, 33, 47, 56, 64, 72, 74, 87, 95, 103, 111, 120, 122, 129, 137, 145, 154, 167, 172, 181, 186, *partie de* 187 *, 194, 202, 209, 214, 225, 233, 241, 249, 258, *partie de* 261 & *de* 262, 264, 275, 284, 289, 298, 306, 313, 322, 329, 341, 349, 352, 358, 365, 373, 381, 388, 397, 405, 413, 421, 429, 437.

D

Troisieme vacation , le 16 Décembre 1778.

Nᵒˢ 3 , 11 , 19 , 32 , 40 , 46 , 54 , 62 , 71 , 80 , 86 , 94 , 102 , 110 , 118 , 128 , 136 , 144 , 152 , 160 , 166 , 171 , 178 , 185 , *partie de* 187 * , 193 , 201 , 208 , 217 , 224 , 232 , 240 , 248 , 255 , *partie de* 261 *& de* 262 , 267 , 273 , 281 , 288 , 291 , 299 , 308 , 315 , 323 , 331 , 339 , 348 , 356 , 364 , 372 , 380 , 389 , 396 , 404 , 412 , 420 , 428 , 436.

Quatrieme vacation , le 17 Décembre 1778.

Nᵒˢ 4 , 12 , 20 , 31 , 39 , 45 , 52 , 63 , 70 , 79 , 85 , 93 , 101 , 109 , 116 , 127 , 135 , 143 , 151 , 158 , 165 , 170 , 177 , 184 , *partie de* 187 * , 192 , 200 , 207 , 218 , 223 , 231 , 239 , 247 , 256 , *partie de* 261 *& de* 262 , 266 , 272 , 280 , 287 , 292 , 300 , 307 , 316 , 324 , 332 , 338 , 347 , 355 , 363 , 371 , 379 , 386 , 395 , 403 , 411 , 419 , 427 , 435.

Cinquieme vacation , le 18 Décembre 1778.

Nᵒˢ 5 , 13 , 21 , 30 , 38 , 44 , 53 , 61 , 69 , 78 , 84 , 92 , 100 , 108 , 117 , 126 , 134 , 142 ,

150, 159, 164, 169, 176, 183, *partie
de* 187 *, 191, 199, 206, 216, 222, 230,
238, 246, 253, *partie de* 261 & *de* 262,
265, 271, 279, 287 *, 293, 301, 309,
318, 325, 333, 337, 346, 354, 362, 370,
378, 387, 394, 402, 410, 418, 426,
434.

Sixieme vacation, *le* 19 *Décembre* 1778.

Nᵒˢ 6, 14, 22, 29, 37, 43, 51, 59, 68,
77, 83, 91, 99, 107, 115, 125, 133,
141, 149, 157, 163, 174, 189, 198,
205 *, 213, 221, 229, 237, 245, 254,
partie de 261 & *de* 262, 270, 278, 286,
294, 302, 310, 317, 326, 334, 345, 353,
361, 369, 377, 385, 393, 401, 409, 417,
425, 433, 440, 441.

Septieme vacation, *le* 21 *Décembre* 1778.

Nᵒˢ 7, 15, 23, 28, 36, 42, 49, 60, 67, 76,
82, 89, 98, 106, 113, 123, 132, 140,
147, 156, 161, 168, 179, 190, 197,
205, 212, 220, 228, 235, 244, 251, 260,
partie de 261 & *de* 262, 269, 277, 283,
295, 303, 311, 319, 327, 335, 343,
351, 360, 368, 376, 384, 392, 399,
408, 416, 424, 432.

Huitieme & derniere vacation, le 22 Déc. 1778.

Nᵒˢ 8 , 16 , 24 , 27 , 35 , 41 , 50 , 58 , 66 ,
75 , 81 , 90 , 97 , 105 , 114 , 124 , 131 ,
139 , 148 , 155 , 162 , 175 , 182 , 188 ,
196 , 204 , 211 , 219 , 227 , 236 , 243 , 252 ,
259 , *partie de* 261 *& de* 262 , 268 , 276 ,
282 , 296 , 304 , 312 , 320 , 328 , 336 ,
342 , 350 , 359 , 367 , 375 , 383 , 391 , 400 ,
407 , 415 , 423 , 431.

Lû & approuvé, ce 25 Novembre 1778. COCHIN.
Permis d'impr. ce 28 Novembre 1778. LENOIR.

De l'Imprimerie de KNAPEN, au bas du Pont
Saint Michel.